Ilya Romanov

Optimização de motores de carros antigos em restauração. Parte 1

Ilya Romanov

Optimização de motores de carros antigos em restauração. Parte 1

Classe de veículo - Veículo histórico. Optimização do motor como parte do processo de restauração

ScienciaScripts

Cover image: www.ingimage.com

This book is a translation from the original published under ISBN 978-620-5-50959-3.

Publisher:
Sciencia Scripts
is a trademark of
Dodo Books Indian Ocean Ltd. and OmniScriptum S.R.L publishing group

120 High Road, East Finchley, London, N2 9ED, United Kingdom
Str. Armeneasca 28/1, office 1, Chisinau MD-2012, Republic of Moldova, Europe
Printed at: see last page
ISBN: 978-620-5-60940-8

Tabela de Conteúdos

Introdução

Este livro trata de questões tecnológicas na restauração integral de automóveis fabricados na década de 1940 e da integração das mais recentes soluções estruturais e de design que surgiram nos últimos tempos na engenharia automóvel e campos afins.

Os capítulos do livro apresentam soluções inovadoras originais para modernizar o sistema de combustível de um motor de combustão interna com a introdução de equipamento de controlo e medição sem contacto baseado em espectroscopia de ressonância electromagnética com elementos de inteligência artificial e redes neurais artificiais nos tubos de combustível.

Como base básica para a optimização dos motores de combustão interna, o livro mostra uma homogeneização linear da mistura do combustível, construída sobre os princípios das invenções pioneiras modernas que realizam uma homogeneização dinâmica em paralelo com a mistura dos componentes do combustível, na qual depois de misturada se forma uma emulsão combustível homogénea na qual o conteúdo de água pode ser levado até 50%.

Secções do livro mostram, pela primeira vez, resultados de testes de motores de combustão interna com uma mistura de combustível com o aspecto e propriedades de uma emulsão homogénea encapsulada com memória de forma hidráulica dentro de nanocápsulas com o aspecto de núcleos esféricos de água ou fluido condensado em tempo real de gases de escape com casca de gasolina ou gasóleo, com espessura de casca apresentada na gama nano.

O livro também discute opções de design para activar dispositivos lineares que utilizam o teorema de Bernoulli para criar uma zona coaxial de rarefacção local na conduta de combustível, na qual se formam nanocápsulas de combustível, determinando os resultados termodinâmicos invulgares dos processos de injecção e combustão.

Além disso, as secções do livro também incluem material sobre e relacionado com os métodos de concepção de dispositivos de activação de misturas de combustível, utilizando as mais recentes técnicas e métodos, incluindo a modelação activa por computador e a simulação de processos operacionais.

Uma vez que os testes de emulsão revelaram paradoxos com resultados finais exclusivamente positivos para todo o supersistema, o livro apresenta também descrições destes fenómenos paradoxais.

Previsão refinada do desenvolvimento tecnológico global até 2025

O relatório anual do Presidente dos EUA e a sua alocução ao Congresso centrou-se particularmente, e poder-se-ia mesmo dizer principalmente, na modernização inovadora. O discurso tocou várias áreas específicas de desenvolvimento inovador, que foram destacadas nas nossas previsões anteriores como as mais recentes tecnologias de base.

A plena implementação de instalações de Internet de alta velocidade em todos os cantos e áreas dos EUA, independentemente do seu afastamento e nem sempre condições meteorológicas favoráveis, foi destacada como uma das direcções decisivas.

Na previsão, quatro grupos de tecnologias fundamentais que irão determinar a natureza e o caminho do desenvolvimento da humanidade no século XXI foram selectivamente seleccionados com base na análise dos relatórios de investigação e desenvolvimento publicados, na análise sistemática da situação da licença de patente e das suas tendências de desenvolvimento e nas condições prévias para mudanças fundamentais e locais.

A) Tecnologias básicas emergentes, ou seja, tecnologias revolucionárias, cuja aplicação pode alterar fundamentalmente o desenvolvimento da sociedade e as suas bases formativas:

1. Electrónica e informática

1.1. Microelectrónica

1.2. Memória Terabit

1.3. Dispositivos supercondutores

1.4. Chips super inteligentes

1.5. Fichas auto-replicativas

1.6. Electrónica óptica, incluindo dispositivos de armazenamento óptico terabit, dispositivos de comunicação óptica terabit, elementos e unidades de computadores ópticos e sistemas de controlo de vários níveis baseados em memória óptica terabit;

Nesta altura, as circunstâncias recentemente surgidas obrigaram-nos a reexaminar a situação e a procurar os produtos e tecnologias essenciais para garantir que a introdução da Internet de alta velocidade possa ser plenamente implementada sem criar novos problemas mais complicados do que a falta da própria Internet de alta velocidade.

Como sabemos pelas publicações e pela informação quotidiana, na era actual das tecnologias da informação, a protecção da informação é o pré-requisito mais importante para a sua divulgação direccionada.

Além disso, o mundo inteiro já entrou num estado de guerra cibernética e a introdução nos sistemas informáticos de potenciais adversários ou simplesmente concorrentes e rivais de vários vírus, que são comparáveis no seu poder destrutivo a um ataque militar, exigem tecnologias de protecção dos media cada vez mais sofisticadas e fiáveis.

Tentaremos dar uma descrição comparativa desta situação e caracterizar as possibilidades e a natureza da tecnologia inovadora de segurança desenvolvida.

Caracterização comparativa da tecnologia de protecção dos discos ópticos com base nos princípios de identificação dimensional das camadas de marcação condutoras aplicadas às superfícies dos discos, livres de matrizes de informação e em constante interacção indutiva e ressonante sem contacto com os sensores incorporados no sistema servo de accionamento do disco na posição de trabalho .

Desafios no mercado dos sistemas de meios ópticos:

1. Os sistemas de segurança existentes para meios ópticos são relativamente fáceis de invadir;

2. Com o sistema de protecção existente é impossível identificar rápida e eficientemente os meios de armazenamento óptico pela sua propriedade, o que leva à remoção não autorizada de meios de armazenamento óptico, por exemplo, do uso corporativo, ou vice-versa, à introdução não autorizada de novos meios não registados em conjuntos de informação corporativos, o que torna virtualmente impossível controlar a segurança da informação dentro da corporação;

3. Nos esquemas existentes de armazenamento e utilização de informação corporativa, não é possível impedir a utilização de computadores portáteis de empregados nas instalações da empresa e não há forma de impedir a utilização de suportes de armazenamento corporativos que são retirados do local. Isto leva a fugas de informação e perdas graves;

4. A entrada no mercado de computadores pessoais portáteis, que carecem de armazenamento de informação sob a forma de discos magnéticos rígidos e estão orientados para a obtenção de produtos de software necessários a partir de redes de Internet, requer uma codificação especial de disco óptico que pode ser utilizado como código pessoal secreto para os utilizadores;

As vantagens da tecnologia proposta, respondendo à substância dos problemas identificados no mercado dos sistemas de meios ópticos:

1. Existem muitas variantes de espessuras de codificação que permitem múltiplas variantes do código de segurança, ao contrário das tecnologias conhecidas que têm apenas uma variante do código;

2. Durante o processo de revestimento, a tecnologia de controlo utilizada é totalmente idêntica à tecnologia de descodificação, permitindo o controlo total da qualidade de codificação durante a produção, sem retirar o disco do transportador,

ao contrário das tecnologias existentes em que o disco para controlo deve ser retirado do transportador e colocado no dispositivo de controlo; assim, o controlo é selectivo, enquanto que a tecnologia proposta, 100% de controlo, que elimina a produção de discos defeituosos, que nas tecnologias existentes são detectados apenas pelo fabricante.

3. Na tecnologia proposta, é possível codificar todas as categorias e tipos de discos independentemente do formato de gravação e leitura, ao contrário das tecnologias existentes em que a codificação depende do formato de gravação e leitura do disco;

4. Na tecnologia proposta, o revestimento de encriptação pode servir de base para um código secreto pessoal ou cifra, o que não é o caso das tecnologias existentes;

5. Na tecnologia proposta, o sensor de descodificação e identificação é móvel e pode ser fornecido em várias versões, incluindo uma versão autónoma que não está ligada a uma unidade de disco, enquanto nas tecnologias existentes o sistema de descodificação só é instalado nas unidades de disco; assim, a presença e correcção do código só pode ser verificada durante a inserção da unidade, enquanto na tecnologia proposta o código pode ser verificado e identificado fora da unidade, por exemplo em lojas ou no portão das empresas e instituições, o que é particularmente importante

6. Na tecnologia proposta, o processo de descodificação exclui qualquer dependência dos sistemas ópticos da unidade de disco, mas os resultados da descodificação podem alterar o funcionamento dos sistemas ópticos, por exemplo, servo-drive para orientação e controlo da posição de foco da leitura ou gravação a laser, ao contrário das tecnologias existentes, em que o processo de descodificação depende inteiramente dos elementos ópticos da unidade, o que complica a sua concepção e reduz drasticamente a fiabilidade;

7. A tecnologia proposta tem várias hierarquias do esquema de trabalho básico, tem um algoritmo flexível e pode ser incorporada em qualquer sistema de segurança de memória óptica, incluindo suportes de armazenamento híbridos que, para além da componente óptica, têm também suportes de armazenamento baseados noutros

princípios básicos; as tecnologias existentes não possuem esta flexibilidade;

8. A tecnologia proposta permite a utilização de um código de disco como palavra-passe introdutória para introduzir matrizes de informação profissional na Internet, algo que as tecnologias existentes não têm;

Definição preliminar do produto de base do projecto

1. O principal sector de mercado é o das empresas clientes:
- Bancos e empresas financeiras;
- Empresas industriais;
- Laboratórios de investigação;
- Empresas de transporte, estações ferroviárias, aeroportos e portos marítimos;
- Grandes cadeias retalhistas;
- Serviços municipais;
- Organizações e instituições governamentais;
- Grandes instituições médicas;
- Companhias de seguros;
- Os ramos das forças armadas;
- Polícia e serviços de inteligência;

2. Estimativa preliminar da dimensão do mercado

O preço médio de uma unidade de disco com um sensor de ressonância magnética integrado é de 350 USD.

O preço médio de um disco com um anel codificador é de 5 dólares.

O número médio de unidades necessárias por cliente empresarial é de 1.750.

O preço das unidades para o cliente corporativo especificado é de USD 612500.

O número médio de discos necessários por cliente empresarial é de 17500 (10 discos por unidade). O preço das unidades para o cliente corporativo especificado é de $87500.

O número estimado de clientes empresariais é superior a 10.000.

O volume indicativo do mercado para clientes empresariais é: $70.000.000 pelo menos por ano.

No total, em todas as categorias de clientes empresariais, a dimensão anual de mercado estimada na primeira fase poderá ser superior a 700.000.000 USD.

3. Característica do produto

O produto do projecto é um disco óptico com um anel codificador e uma unidade de disco com um módulo sensor integrado, geralmente constituído por três micro-sensores.

Se necessário, o módulo táctil pode ser fornecido sem uma unidade de disco.

Se necessário, a empresa líder do projecto pode fornecer serviços a clientes empresariais, organizando a implementação de um sistema de encriptação e protecção de dados chave na mão.

4. Fundamentos para a codificação de segurança de suportes ópticos ou dispositivos de armazenamento de dados, de preferência sob a forma de um disco transparente ao fluxo luminoso que emana do sistema óptico de saída de um díodo laser monomodo com dimensões executivas padrão:

- com um diâmetro exterior de 120 milímetros e uma espessura de 1,2 milímetros;
- o disco é colado a partir de duas metades, cada uma com 0,6 milímetros de espessura;
- O revestimento é aplicado a uma metade do disco sobre um anel que tem um diâmetro exterior de 120 milímetros e um diâmetro interior de 118 milímetros;
- A espessura do revestimento varia de 1 micron a 10 microns em intervalos de 100 angstrom;

A base conceptual para a codificação é a seguinte: - o sinal de codificação é gerado a partir da resposta de um sensor ou grupo de sensores à espessura do revestimento do anel no disco, comparando o sinal resultante com uma referência estatística deste sinal, - o equivalente da resposta de ressonância dos sensores à espessura do revestimento, os índices específicos do material de revestimento, a condutividade do material de revestimento, a densidade do material de revestimento, a resistência eléctrica do material de revestimento.

O sistema de servo-marcação formatado do disco, que normalmente consiste numa combinação de servo-marcação nas pistas de informação do disco, utiliza um sinal do sensor descodificador do sistema codificador de segurança em vez de um dos pontos de agrupamento. Se o sinal integrado dos três sensores corresponder aos parâmetros de sinal predefinidos, o sistema servo começa a focar o laser na pista de informação e o sistema começa a ler ou a escrever no disco óptico.

Se o sinal dos sensores não corresponder à forma de onda estatística na memória do processador da unidade de disco, o sistema servo da unidade de disco não orienta e estabiliza a trajectória do feixe de díodos laser na pista de informação do disco e a leitura ou escrita no disco não é possível.

5. Opções para identificar o disco na unidade de disco

A identificação do disco na unidade de disco pode ser feita medindo a espessura em tempo real do revestimento, comparando a medição com o valor estatístico deste parâmetro armazenado no processador da unidade de disco e emitindo um sinal para o dispositivo de comparação no processador da unidade de disco.

O processo de identificação pode ter lugar quando o disco é rodado ou quando o disco é inserido na unidade de disco.

Ao identificar quando um disco é inserido na unidade, uma identificação negativa não permite qualquer estrutura de unidade de disco, e inversamente, uma identificação positiva permite as estruturas de unidade de disco necessárias.

6. Variantes de desenho das unidades

Os elementos do sistema de segurança de codificação-decodificação ressonante podem, sem quaisquer limitações estruturais ou esquemáticas, ser incorporados em qualquer projecto de unidade existente, implementando todas as tecnologias de memória óptica conhecidas.

As unidades existentes também podem ser equipadas com um sistema de micro-sensor, incorporando o micro-módulo sensor na estrutura de suporte do invólucro da unidade.

Se necessário, o revestimento pode ser feito em discos existentes.

7. Fluxo de processo aproximado para a produção de um disco revestido com codificador.

Não é necessária nenhuma tecnologia ou equipamento especial para fabricar um disco óptico com um revestimento codificador de protecção.

O equipamento de processamento actualizado actualmente em uso pode ser utilizado para a produção.

A codificação pode ser combinada com o fabrico de uma cópia do disco principal num molde, utilizando um disco principal com um ponto de identificação no sistema de servo-marcação formatado, que será assim impresso em cada faixa de informação - e existem mais de 37.000 num disco óptico padrão.

8. Opções para a utilização de discos revestidos em sistemas de memória óptica empresarial.

Um esquema típico para a utilização de discos encriptados de segurança em clientes empresariais envolve o fabrico para cada um desses clientes de um certo número de discos com a espessura e coordenadas dos micro-sensores específicos para esse cliente.

A concepção e especificação do micromódulo sensor também pode ser actualizada com base nos requisitos do cliente, mas de acordo com os parâmetros de controlo do revestimento de codificação protector nos discos.

9. Opções para a utilização de discos codificados de segurança em sistemas de rádio domésticos

Além disso, a codificação de segurança pode ser utilizada em sistemas Blu-ray e HD DVD. Além disso, a codificação de segurança pode ser utilizada em novos desenvolvimentos e novas tecnologias de armazenamento digital óptico, tais como discos de alta densidade, discos multicamadas e discos monolíticos com uma capacidade de armazenamento de 1 terabit ou mais.

A indicação necessária pode ser adicionada à servo-marcação durante o processo de prensagem. O servo-motor inicia a orientação do ponto focal do feixe laser apenas quando o sinal de codificação do sistema de codificação e descodificação coincide, gerado por um sistema de três micro-sensores, que utilizam métodos de ressonância magnética para comparar a espessura do revestimento com a referência e quando os parâmetros do sinal coincidem com a referência para pelo menos dois sensores, adicionar o sinal recebido ao símbolo de servo-marcação e ao sistema de pontos de marcação,

10. Opções para a utilização de discos revestidos em computadores pessoais

A tecnologia utilizada para fabricar discos para computadores pessoais é semelhante à utilizada em outras variantes de memória óptica.

O método de utilização de discos encriptados de segurança é moldado pelo tipo de computador, o seu grau de saturação e potência, velocidade, etc.

De particular importância é a possibilidade de utilizar técnicas e tecnologia de codificação de segurança em discos híbridos que combinam uma unidade de disco rígido com uma unidade óptica.

Agora de volta à velha previsão:

1.7. Bioelectrónica, incluindo bio-sensores; bio-computadores;

1.8. Equipamento de sistemas de informação, incluindo supercomputadores paralelos; neurocomputadores;

1.9. Software, incluindo sistemas de tradução automática; sistemas de modelação de realidade (VIRTUAL REALITY SYSTEMS); bases de dados de auto-ajuda;

2. Novos materiais

2.1. Cerâmica, incluindo supercondutores (bobinas com supercondutividade a altas temperaturas); super-condutores-nano compósitos à base de diamantes artificiais e naturais; turbinas a gás e motores construídos com materiais cerâmicos; novos tipos de vidro (vidro óptico não linear); novos tipos de revestimentos em vidro e cerâmica que alteram significativamente as suas propriedades;

2.2. Semicondutores, incluindo circuitos integrados ópticos; elementos semicondutores superlatados;

2.3. Metais, incluindo ligas amorfas; ligas com hidrogénio

absorvido; materiais magnéticos;

2.4. Materiais orgânicos, incluindo elementos optoelectrónicos orgânicos não lineares; memória baseada na queima de furos ópticos; dispositivos moleculares; materiais compostos moleculares termoplásticos;

2.5. Materiais compósitos, incluindo plásticos reforçados com fibra de carbono de alta qualidade; compósitos metálicos de alta qualidade; compósitos cerâmicos de alta qualidade; compósitos de carbono-carbono de alta qualidade (carbono-carbono, grafite modificada, grafite pirolízica, grafite pirolízica em múltiplas etapas, grafite activada electroquimicamente, sobre uma base de viscose flexível ou elástica com subsequente activação electroquímica após aplicação de grafite pirolízica à matriz de viscose em qualquer uma das opções);

3. A ciência da vida

3.1. Novos tipos de medicamentos, incluindo medicamentos para o tratamento (prevenção) de doenças tumorais; medicamentos para o tratamento (prevenção) de demência senil; medicamentos para o tratamento (prevenção) de doenças do sistema imunitário e alergias;

3.2. Utilização de características somáticas humanas, incluindo banco de medula óssea; bioenergia;

3.3. Produção de bio-objectos sintéticos, incluindo órgãos artificiais; enzimas e membranas artificiais.

B) Tecnologias básicas que permitem actividades produtivas, ou seja, tecnologias e combinações integradas de tecnologias que asseguram a competitividade da indústria no mercado global.

4. Energia

4.1. Tecnologias de produção de energia, incluindo células de combustível; fontes de energia solar; emulsões alternativas de gasolina-água; reactores de água leve em pequena escala com estabilidade inerente; reactores de fusão nuclear; reactores multiplicadores de alta velocidade;

4.2. Tecnologias de eficiência energética, incluindo

instalações de refrigeração de alta eficiência e bombas de calor; condensadores de energia supercondutores;

5. Automação

5.1. Robótica, incluindo robôs com inteligência artificial; dispositivos de manipulação de micro-objectos;

5.2. Tecnologias no domínio do equipamento de maquinagem, incluindo máquinas com inteligência artificial e controlo numérico informático; centros de maquinagem complexos; máquinas de ultra-precisão;

5.3. Tecnologia CAD/CAM DESIGN COMPUTERIZADO E PRODUÇÃO, incluindo sistemas de desenho assistido por computador com inteligência artificial; modelação de produtos;

5.4. Tecnologias CIM/HIM (fabrico complexo integrado e altamente integrado), incluindo sistemas autónomos com controlo distribuído; equipamento de processo integrado.

B) Tecnologias básicas socialmente importantes, ou seja, tecnologias que ajudam a elevar o nível de vida.

6. Contacto

6.1. Sistemas de comunicações por satélite e móveis, incluindo comunicações pessoais; redes de dados baseadas em estações terrestres muito pequenas (VSATs) e satélites;

6.2. Transmissão de imagens, incluindo televisão de alta definição (HDTV); sistemas de televisão por cabo para comunicações via satélite - transmissão de rádio (CCTV-SA^);

6.3. Comunicações multicanais, incluindo sistemas de conferência de televisão; videofones;

6.4. Desenvolvimento de redes de comunicação, incluindo comutadores para redes de comunicação digital integradas de banda larga (RDIS); sistemas de comunicação óptica de assinantes; redes locais de comunicação óptica;

7. **Transportes**

7.1. Transporte ferroviário, incluindo veículos motorizados lineares supercondutores. Veículos motorizados lineares supercondutores de alta temperatura de nova geração; transporte terrestre motor linear de alta velocidade (HSST); sistema avançado de controlo de comboios (ATCS); sistemas bimodais (sistema de tráfego de ponta a ponta);

7.2. Tecnologia de veículos, incluindo veículos de nova geração (veículos de emulsão com motor combinado, gasolina-água ou gasóleo-água); veículos de energia alternativa (veículos eléctricos); tecnologias revolucionárias de fabrico de veículos;

7.3. Construção naval, incluindo tecno-superliners; planadores de superfície; navios com inteligência artificial; aquarobots;

7.4. Transporte aéreo, incluindo aviões com vários passageiros; aviões de transporte hipersónicos; pequenos aviões a hélice com descolagem e aterragem verticais;

8. **Utilização do espaço**

8.1. Tecnologia de exploração espacial, incluindo instalações subterrâneas para experiências de gravidade zero; bases de investigação na superfície da lua; uma catapulta com propulsão linear;

8.2. Tecnologias de base terrestre, incluindo a construção de super arranha-céus; domos aéreos ultra-grandes; tecnologias para desmantelamento de super arranha-céus;

8.3. A utilização do espaço subterrâneo, incluindo as redes subterrâneas de transporte de mercadorias; a construção de auto-estradas subterrâneas e ferrovias a grandes profundidades; sistemas subterrâneos de condensação de calor;

8.4. Utilização oceânica, incluindo a criação de ilhas artificiais; estações flutuantes; pastagens marinhas; áreas de recreação marinha.

D) Tecnologias para combater a degradação ambiental, para criar instalações de produção eficientes em termos de

recursos, para criar instalações de produção sem resíduos

9. Ecologia.

9.1. Medidas relacionadas com o aquecimento geral da Terra (aquecimento climático), incluindo tecnologias de sequestro de CO2 assistido por catalisadores; tecnologias de sequestro de CO2 assistido por plantas; tecnologias de sequestro e reciclagem de CO2;

9.2. Combate à destruição da camada de ozono no solo, incluindo os gases de substituição de Freon; tecnologias de regeneração de Freon;

9.3. Gestão de resíduos, incluindo plásticos autodestrutivos; sistemas de gestão de resíduos subterrâneos convencionais; instalações subterrâneas de armazenamento e tratamento de água;

9.4. Tecnologias de produção com eficiência de recursos

9.5. Tecnologia sem resíduos

9.6. Técnicas para a descontaminação de sítios contaminados

9.7. Tecnologias para a limpeza de ambientes aquáticos de contaminação radioactiva

9.8. Tecnologia para equipamento de protecção pessoal contra catástrofes naturais e provocadas pelo homem

9.9. Tecnologias de equipamento de protecção pessoal contra actos de terrorismo

9.10. Tecnologias para equipamento de protecção pessoal de utilização única contra catástrofes naturais e provocadas pelo homem

9.11. Tecnologias para equipamentos de protecção individual de utilização única contra actos de terrorismo

9.12. Técnicas para proteger as habitações individuais de catástrofes provocadas pelo homem

9.13. Técnicas para proteger as casas individuais de catástrofes naturais

9.14. Tecnologias energéticas alternativas para habitação individual em caso de emergência

9.15. Tecnologias para a produção de água sintética a partir do ar

Na continuação deste livro, tentarei analisar as questões levantadas no discurso do Presidente sobre o desenvolvimento de veículos ferroviários de alta velocidade, híbridos e todo-eléctricos e outras inovações tecnológicas.

Neste caso, o próximo material será uma unidade modular autónoma de geração de energia baseada em soluções técnicas integrativas destinadas a poupar combustível fóssil nos motores de combustão; conversão de energia altamente eficiente com amplificação da saída de binário, e, utilizando tecnologia planar no desenho de geradores eléctricos de baixa velocidade.

Tenciono também continuar a prever as vias de desenvolvimento das TI nos seguintes tópicos

Tópicos de desenvolvimento de princípios previstos sobre armazenamento de dados ópticos, concepção e base de concepção de processos de síntese de processos e aparelhos :

1. Morfologia do disco torcido.
2. Morfologia cultivada , o processo de crescimento é equivalente à tecnologia padrão de película fina;

Várias versões de uma unidade de leitura/escrita utilizando díodos laser particularmente potentes :

1. Desenho de tracção com um carril comum para todos os elementos constituintes
2. Desenho do condutor com um mecanismo de focalização baseado na alteração da distância entre o díodo laser e o dispositivo opto-mecânico
3. Diferentes versões do desenho com aquecimento a disco durante o registo Assunto de diferentes versões de placas de circuito para montagem de díodos laser:

1. Placas de Circuito Impresso Fabricadas usando o Método Dimensional Selectivo de Gravura Metálica do Substrato da Placa de Circuito Impresso
2. Placas de circuito impresso com base de estrutura de arrefecimento para arrefecimento de díodos laser
3. Placas de circuito impresso concebidas para montagem de uma heteroestrutura de díodos laser
4. Placas de circuito impresso combinadas (híbridas)

Sujeito a várias opções de caixa para díodos laser de alta potência:

1. Recintos prismáticos
2. caixas cilíndricas
3. Versões provisórias

Figura 1: Exemplo de um veículo com um motor restaurável

Figura 2: Exemplo de um veículo com um motor restaurável

Figura 3: Exemplo de um veículo com um motor restaurável

Figura 4: Exemplo de um veículo com um motor restaurável

Figura 5. Exemplo de um carro com um motor restaurável

Características gerais das emulsões que podem ser produzidas por um dispositivo inovador para mistura dinâmica e activação hidrodinâmica de líquidos num fluxo turbulento desenvolvido

As emulsões podem ser produzidas no fluxo dinamicamente activo de um dos fluidos que compõem a emulsão; não é necessário utilizar recipientes de processo para fazer a emulsão, o dispositivo de preparação da emulsão faz parte da tubagem.

Não há necessidade de aplicar pressão alta ou ultra-alta para preparar a emulsão.

Não há necessidade de utilizar tecnologia ultra-sónica para fazer a emulsão.

O tempo de preparação da emulsão não excede fracções de um segundo.

Os parâmetros da emulsão, incluindo a dimensão das partículas dos seus componentes, são determinados pela geometria das respectivas secções e partes do dispositivo para activação dinâmica dos líquidos num fluxo turbulento desenvolvido.

O processo de preparação da emulsão tem lugar ao mesmo tempo que a homogeneização, não só em termos da dimensão das partículas dos componentes da emulsão, mas também em termos do nível de turbulência no fluxo.

Propriedades gerais das emulsões em que o conteúdo de componentes orgânicos excede o de componentes inorgânicos e que são obtidas utilizando um dispositivo de activação dinâmica de fluidos num fluxo turbulento desenvolvido

Tal emulsão é chamada, - tipo de emulsão, - água - em - óleo; Estes tipos de emulsões são principalmente utilizados para misturas de combustível e incluem diferentes tipos de combustível diesel como componente orgânico.

Dado que cada vez mais tentativas têm sido feitas recentemente para obter energia de evaporação adicional da combustão da emulsão, a água é misturada com metanol em proporções variáveis antes da produção da emulsão (o metanol tem a maior energia de evaporação).

A combustão de uma tal emulsão produz uma redução

significativa na concentração de poluentes nos gases de escape, especialmente óxidos de azoto.

Além disso, a impureza do metanol reduz a concentração de enxofre nos gases de escape em proporção à concentração de metanol misturado com água.

Propriedades gerais das emulsões em que o conteúdo orgânico é inferior ao conteúdo inorgânico e que são obtidas utilizando um dispositivo para a activação dinâmica de líquidos num fluxo turbulento desenvolvido

Tal emulsão é chamada emulsão de óleo na água; estes tipos de emulsões são principalmente utilizados na indústria farmacêutica, cosmética, alimentar e, mais recentemente, como agente de irrigação em estufas, incluindo sistemas hidropónicos.

Estas emulsões requerem a utilização de produtos químicos e estabilizadores.

Propriedades gerais das emulsões em que os componentes orgânicos e biológicos excedem os componentes inorgânicos e que são obtidas utilizando um dispositivo para a activação dinâmica de líquidos num fluxo turbulento desenvolvido

Tal emulsão é também chamada, - tipo de emulsão, - água - em - óleo; Estes tipos de emulsões são principalmente utilizados para misturas de combustíveis e como componente orgânico incluem geralmente diferentes tipos de combustível diesel.

Esta emulsão é produzida num fluxo desenvolvido e dinâmico de componentes.

A emulsão obtida desta forma desenvolveu e sustentou características e propriedades para a regeneração repetida da emulsão e tem uma estrutura avançada encapsulada tridimensional.

Não são necessários produtos químicos para preparar a emulsão e, além disso, as propriedades internas e o condicionamento da emulsão são muito homogéneos.

Propriedades gerais das emulsões com menos componentes orgânicos e biológicos do que os componentes inorgânicos, obtidas utilizando um dispositivo para activar dinamicamente fluidos num fluxo turbulento desenvolvido

Tal emulsão é chamada emulsão de óleo na água; estes tipos de emulsões são principalmente utilizados na indústria farmacêutica, cosmética, alimentar e, mais recentemente, como agente de irrigação em estufas, incluindo sistemas hidropónicos.

Os agentes químicos e estabilizantes não são necessários para produzir estas emulsões.

Esta emulsão é produzida num fluxo desenvolvido e dinâmico de componentes, e o número de componentes pode ser de 4 ou mais.

A emulsão obtida desta forma desenvolveu-se e tem propriedades estáveis para a regeneração múltipla da emulsão e tem uma estrutura avançada encapsulada tridimensional.

Não são necessários produtos químicos para preparar a emulsão e, além disso, as propriedades internas e o condicionamento da emulsão são muito homogéneos.

A nova versão da tecnologia de preparação de emulsões em geral e emulsões de combustível em particular é a seguinte

Figura. Dispositivo para a aplicação de tecnologia de preparação de emulsões

A principal diferença entre a versão proposta da produção de emulsões é que

- A emulsão é formada no dispositivo de mistura dinâmica

e activação de líquidos e gases, num fluxo dinâmico de 60 por cento de um dos componentes da emulsão, no qual 40 por cento do mesmo componente da emulsão é também introduzido como um fluxo dinâmico na direcção oposta, e depois é introduzido um segundo componente da emulsão, também num fluxo dinâmico, onde os 60 e 40 por cento de um dos componentes da emulsão se encontram;

- Os fluxos de 60 e 40 por cento de um dos componentes da emulsão são coaxiais e coaxiais no espaço tridimensional em que estes fragmentos de fluxo se movem;
- As velocidades de fluxo linear a partir de 40% de um dos componentes da emulsão são pelo menos 4 vezes superiores às velocidades de fluxo linear a partir de 60% do mesmo componente da emulsão;
- As condições físicas na junção destes fluxos, incluindo os efeitos concêntricos de Bernoulli em cada um dos fluxos, asseguram a homogeneização da turbulência do fluxo combinado (homogeneização turbulenta);
- O fluxo dinâmico da segunda componente da emulsão é introduzido numa zona onde já teve lugar uma homogeneização turbulenta;
- O fluxo integrado da emulsão resultante torna-se homogéneo com o nível de turbulência ao longo do fluxo integrado em todos os pontos da secção transversal deste fluxo;
- O tempo necessário para este processo formar uma emulsão homogeneizada em termos de nível de turbulência foi calculado para ser inferior a 0,1 segundo;
- A saída do dispositivo de mistura dinâmica e activação de líquidos e gases no dispositivo integrado (inventado) está directamente ligada à entrada da bomba de alta pressão padrão (utilizada em qualquer motor de combustão interna moderno, tanto diesel como gasolina);
- O intervalo de tempo necessário para a emulsão primária com um nível de turbulência homogeneizado para entrar nos cilindros de trabalho da bomba de alta pressão é também calculado para ser inferior a 0,1 segundo;

- Na bomba de alta pressão, a emulsão com um nível de turbulência homogeneizado é comprimida a mais de 2000 bar, sugerindo que, seguindo a definição de nano-emulsão, a este nível de compressão ocorre outro ciclo de homogeneização da emulsão, resultante da sua compressão em volume fechado, que pode qualificar-se como um processo de nano-emulsão com todas as propriedades e benefícios da nano-emulsão;

- Devido ao facto de que desde o momento da homogeneização por nível de turbulência até ao momento da homogeneização por compressão não passar mais de 0,2 segundos, tendo em conta a inércia destes processos no fluxo líquido, o processo de homogeneização completa pode ser considerado como completamente homogéneo;

- Este processo integral de homogeneização dupla e tridimensional num fluxo turbulento homogéneo dinâmico ininterrupto de líquidos de mistura numa emulsão pode assim ser considerado como um processo contínuo de homogeneização da emulsão e a sua transição no final do processo para a categoria de nano-emulsões;

- Usando este método, foi formada uma emulsão de combustível diesel e água da torneira num fluxo pelo grupo de investigação que envolve o autor desta publicação, que, quando queimada na câmara de combustão de um motor diesel, mostrou características invulgares não encontradas em publicações e não notadas em resultados publicados de experiências e estudos científicos; isto sugere que durante as referidas experiências foi obtida precisamente uma nanoemulsão, o que é indirectamente confirmado pela análise de fotografias da emulsão sob um microscópio;

- Um dispositivo integrado que consiste num sistema de mistura e homogeneização para o nível de turbulência da emulsão, ligado directamente à bomba de alta pressão como objecto de homogeneização geométrica dimensional da emulsão sob pressão, por um tempo extremamente curto entre as etapas de homogeneização, com a máxima homogeneidade de distribuição de partículas de um componente da emulsão no volume do segundo componente da emulsão homogeneizado a nível de turbulência, qualifica o processo de formação da emulsão em série como novo e permite

Estes factos indicam que o processo descrito e o dispositivo integral para a sua implementação são novos e não óbvios para qualquer pessoa com qualificações médias no terreno.

O que é inventado nesta série de soluções técnicas inovadoras

- um novo tipo de nano-emulsão com dupla homogeneização tridimensional em fluxo dinâmico, tanto em termos do nível de turbulência como da geometria das partículas no seu volume;
- Um novo tipo e configuração de aparelhos para homogeneização sequencial num fluxo dinâmico desenvolvido de componentes de emulsão líquida

Propriedades da nova emulsão

Nas emulsões em que componentes de origem orgânica são misturados com água, os componentes de origem orgânica são introduzidos na água. Os componentes orgânicos podem ser líquidos de hidrocarbonetos, líquidos contendo altas concentrações de gorduras, óleos, hidrocarbonetos aromáticos, fertilizantes orgânicos, etc.

Nas emulsões deste tipo, o conteúdo orgânico da água não excede 50% do peso da emulsão total, mas na maioria dos casos é de 10 - 20% do peso da emulsão total.

Os parâmetros mais importantes para tais emulsões:

- o tamanho das partículas ou gotículas de líquido orgânico na água
- Uniformidade da distribuição de partículas orgânicas na água
- A estabilidade do tamanho das partículas ou gotículas de um líquido orgânico, a repetibilidade destes tamanhos e o período de tempo durante o qual a distribuição uniforme destas partículas no volume de água é mantida.

Os testes de emulsão deste tipo podem ser medições directas, onde as emulsões são formadas no aparelho de moldagem de emulsões e a emulsão resultante é examinada para medição:

- o tamanho das partículas ou gotículas de um componente líquido de origem orgânica na água
- A uniformidade e homogeneidade da distribuição das partículas de origem orgânica na água
- a duração do período de estabilidade das partículas ou gotas de origem orgânica, a manutenção da repetibilidade geométrica destes tamanhos durante um certo período de tempo, e, o período de tempo durante o qual a uniformidade da distribuição destas partículas no volume de água é mantida.

Emulsões e suas diferenças de acordo com factores dimensionais

A dimensão das partículas dos componentes líquidos das emulsões determina as principais propriedades e características das emulsões; Quanto menor a dimensão das partículas, melhor a qualidade da emulsão; As emulsões produzidas com tecnologia e um dispositivo dinâmico de mistura, homogeneização e activação, permitem valores mínimos de dimensão das partículas; Este parâmetro é essencial para qualificar uma emulsão como uma mini emulsão, como uma micro emulsão e como uma nano emulsão.

Os primeiros testes do processo de preparação da emulsão sobre o dispositivo dinâmico de mistura, homogeneização e activação mostraram sinais de formação de cápsulas de vários níveis a partir de partículas componentes; este factor requer uma verificação mais detalhada e detalhada em testes subsequentes.

Emulsões e como diferem em função da uniformidade das partículas do componente adicional (componente não dominante) no volume do componente dominante.

Emulsões e suas diferenças em função do método de homogeneização

Nas tecnologias clássicas de preparação de emulsões são utilizados diferentes reagentes químicos para a homogeneização. Utilizando um dispositivo dinâmico de mistura, homogeneização e activação para a preparação de emulsões, ambas as etapas de homogeneização são realizadas apenas pela geometria do dispositivo sem quaisquer reagentes químicos, melhorando ao mesmo tempo as propriedades básicas e a qualidade da emulsão.

Emulsões e como elas diferem de acordo com as sucessivas etapas de homogeneização

Nas emulsões do tipo clássico, não há homogeneização por nível de turbulência.

O dispositivo de mistura dinâmica, homogeneização e activação tem a vantagem exclusiva de poder homogeneizar a emulsão de acordo com o nível de turbulência durante a preparação da emulsão.

Razões para a importância da homogeneização por nível de turbulência

Uma das propriedades mais importantes no ciclo de trabalho de um dispositivo dinâmico de mistura, homogeneização e activação é a capacidade de criar um fundo de turbulência homogéneo na zona de formação da emulsão ao longo de toda a secção transversal dos fluxos dos componentes da emulsão.

Para além do facto de um fundo homogéneo de turbulência formar um fundo homogéneo de tamanho de partícula, as mesmas condições hidrodinâmicas na zona de preparação da emulsão reduzem o tempo necessário para a preparação completa da emulsão, o que é muito importante ao formar uma emulsão num fluxo dinâmico dos seus componentes.

Razões para a importância da homogeneização com alta pressão

A capacidade de operar a mistura dinâmica, homogeneização e dispositivo de activação em série com a bomba de alta pressão permite condições excepcionais de homogeneização sob alta pressão, uma vez que a bomba de alta pressão recebe a emulsão com um fundo de turbulência homogéneo ao longo de todo o volume.

Originalidade do processamento de emulsão de alta pressão num fluxo

A importância de minimizar o atraso temporal entre os sucessivos ciclos de homogeneização:

A pausa temporal entre a homogeneização da turbulência e a homogeneização da pressão, graças às propriedades do dispositivo dinâmico de mistura, homogeneização e activação, não é superior a 10 milissegundos

Este curto intervalo de tempo permite que o processo de homogeneização sequencial seja considerado como contínuo e assegura a estabilidade e qualidade do processo de dupla homogeneização

A importância da multiplicação da velocidade do fluxo ou da pressão entre sucessivos ciclos de homogeneização:

Os primeiros testes sobre o dispositivo dinâmico de mistura, homogeneização e activação durante a formação da emulsão mostraram que a introdução de um estimulador de resistência hidráulica no canal através do qual a emulsão sai do dispositivo dinâmico de mistura, homogeneização e activação permite intensificar o processo de preparação da emulsão.

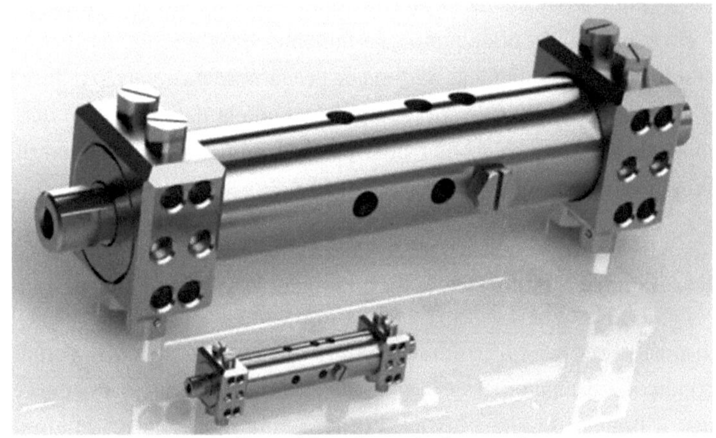

Figura 1. dispositivo de optimização do motor

Figura 1: Modelo de um dispositivo de optimização do motor

Lista de referências e materiais de licenciamento de patentes

Pedido de Patente dos Estados Unidos 20120085428
Tipo de CódigoeA1

12 de Abril de 2012

EMULSÃO, APARELHO, SISTEMA E MÉTODO PARA PREPARAÇÃO DINÂMICA

Abstrato

A invenção diz respeito a um composto fluido, um dispositivo para produzir o composto fluido, e um sistema para produzir um composto fluido aerado com ele, e mais especificamente um composto fluido feito de um combustível e o seu oxidante para queimar como parte de diferentes sistemas, tais como queimadores de combustível ou câmaras de combustão e similares. A invenção refere-se também a uma emulsão, um aparelho para produzir uma emulsão, um sistema para produzir uma emulsão com o aparelho para produzir a emulsão, um método para produzir uma preparação dinâmica com a emulsão, e mais especificamente a um novo tipo de emulsão estável/líquida no campo da química coloidal, tal como uma emulsão de água/combustível ou combustível/combustível para todas as esferas da indústria.

Pedido de Patente dos Estados Unidos 2010243953
Tipo de CódigoeA1

30 de Setembro de 2010

Método de mistura dinâmica de fluidos

Abstrato

São fornecidos métodos para conseguir uma mistura dinâmica de dois ou mais fluxos de fluidos utilizando um dispositivo de mistura. Os métodos incluem o fornecimento de pelo menos dois contornos concêntricos integrados que são configurados para simultaneamente dirigir o fluxo de fluido e transformar o nível de energia cinética da primeira e segunda corrente de fluido, e dirigir o fluxo de fluido através de pelo menos dois contornos concêntricos integrados de modo a que, em dois contornos adjacentes, a primeira e a segunda corrente de fluido sejam introduzidas em direcções opostas. Como resultado, os efeitos físicos actuando em cada fluxo de cada contorno são combinados, aumentando a energia cinética da mistura e transformando a mistura de um primeiro nível de energia cinética para um segundo nível de energia cinética, onde o segundo nível de energia cinética é maior do que o primeiro nível de energia cinética.

Pedido de Patente dos Estados Unidos 2010281766
Tipo de CódigoeA1

11 de Novembro de 2010

Mistura dinâmica de fluidos

Abstrato

São divulgados métodos, sistemas e dispositivos para preparação e activação de líquidos e combustíveis gasosos. São divulgados métodos de arrefecimento por vórtice do fluxo de gás comprimido e de remoção da água do ar.

Pedido de Patente dos Estados Unidos20110030827
Tipo de CódigoeA1

Fevereiro 10,2011

COMPOSTO FLUIDO, DISPOSITIVO PARA A SUA PRODUÇÃO E SISTEMA DE UTILIZAÇÃO

Abstrato

A divulgação actual refere-se a um novo composto fluido, um dispositivo para produzir o composto fluido, e um método de produção com ele, e mais especificamente um composto fluido feito de um combustível e do seu oxidante para queimar como parte de diferentes sistemas, tais como queimadores de combustível, onde o composto fluido após uma fase de intensa interacção molecular entre um fluxo controlado de um líquido como o combustível e um fluxo mais rápido de gás comprimido altamente direccional como o ar resulta na criação de uma matriz tridimensional de pequenas esferas hallow cada uma feita de uma camada de combustível em torno de um volume de gás pressurizado. Numa encarnação alternativa, condições externas tais como pressão em linha empenam as células esféricas numa rede de células de forma oblonga onde o ar pressurizado é utilizado como parte do processo de combustão. Em mais uma encarnação, gás adicional como o ar é adicionado através de uma segunda entrada para aumentar a proporção de oxidante a carburante como parte da mistura.

Pedido de Patente dos Estados Unidos 20140232021
Tipo de CódigoeA1

21 de Agosto de 2014

COMPOSTO FLUIDO, DISPOSITIVO PARA A SUA PRODUÇÃO E SISTEMA DE UTILIZAÇÃO

Abstrato

A divulgação actual refere-se a um novo composto fluido, um dispositivo para produzir o composto fluido, e um método de produção com ele, e mais especificamente um composto fluido feito de um combustível e do seu oxidante para queimar como parte de diferentes sistemas, tais como queimadores de combustível, onde o composto fluido após uma fase de intensa interacção molecular entre um fluxo controlado de um líquido como o combustível e um fluxo mais rápido de gás comprimido altamente direccional como o ar resulta na criação de uma matriz tridimensional de pequenas esferas hallow cada uma feita de uma camada de combustível em torno de um volume de gás pressurizado. Numa encarnação alternativa, condições externas tais como pressão em linha empenam as células esféricas numa rede de células de forma oblonga onde o ar pressurizado é utilizado como parte do processo de combustão. Em mais uma encarnação, gás adicional como o ar é adicionado através de uma segunda entrada para aumentar a proporção de oxidante a carburante como parte da mistura.

Anexo 1: Combustíveis e componentes de combustíveis, tecnologia de mistura e homogeneização dinâmica em linha

Versão de homogeneização em linha para geradores diesel, para motores de combustão interna, para motores diesel, para caldeiras, para turbinas e outros equipamentos termodinâmicos

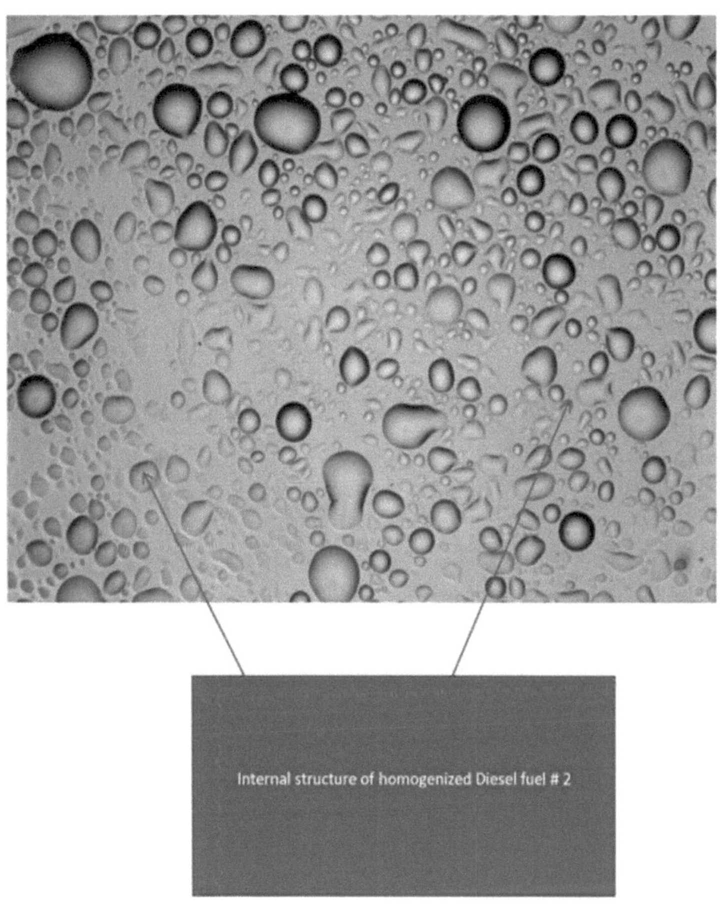

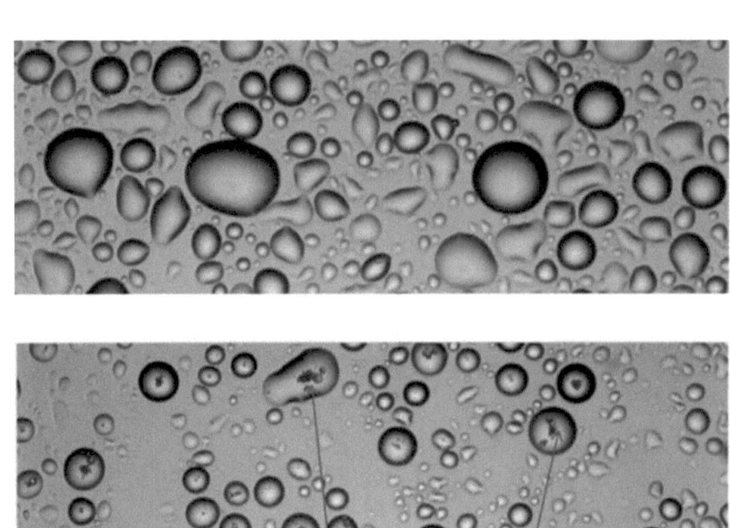

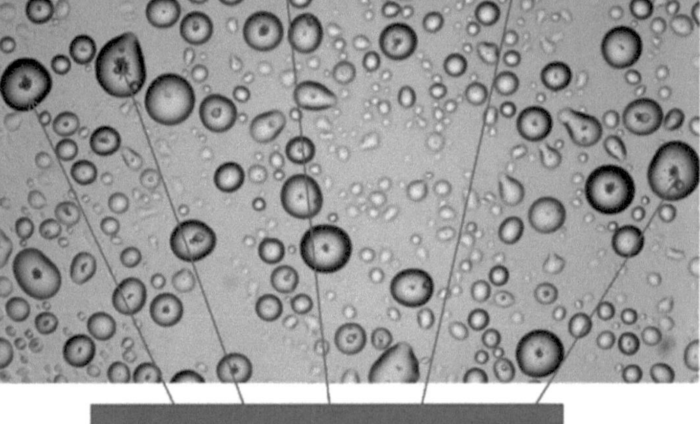

picture of the blend of Diesel fuel # 2 [85%] with methanol [15%]; The integrated globules included internal sub-globules

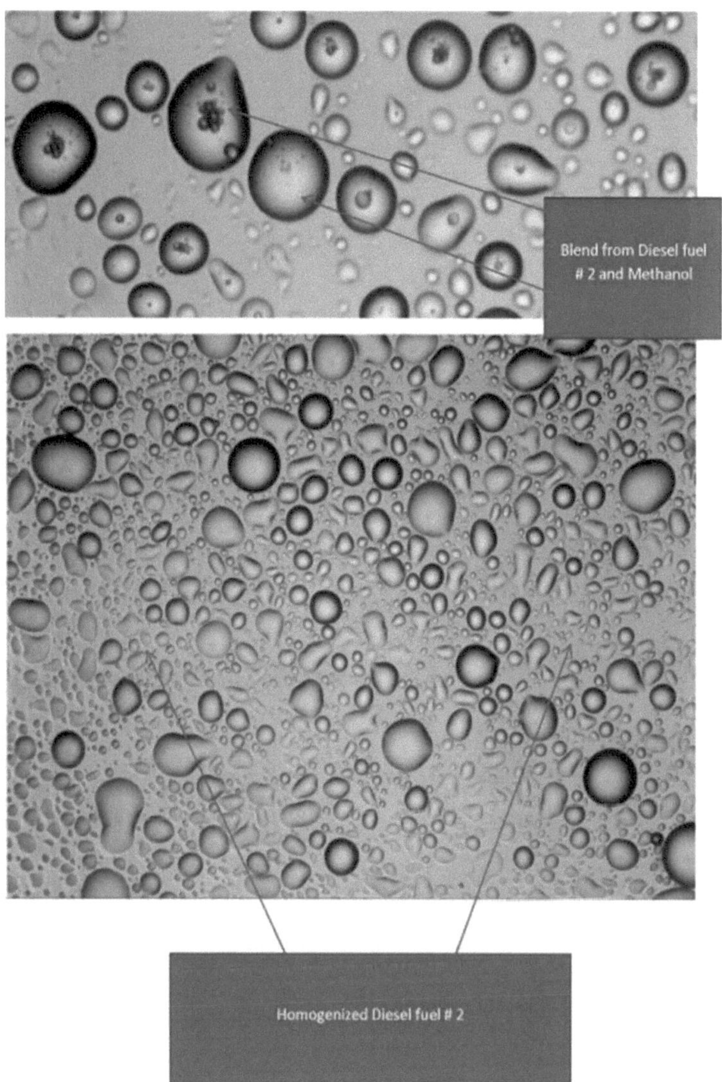
Blend from Diesel fuel # 2 and Methanol
Homogenized Diesel fuel # 2

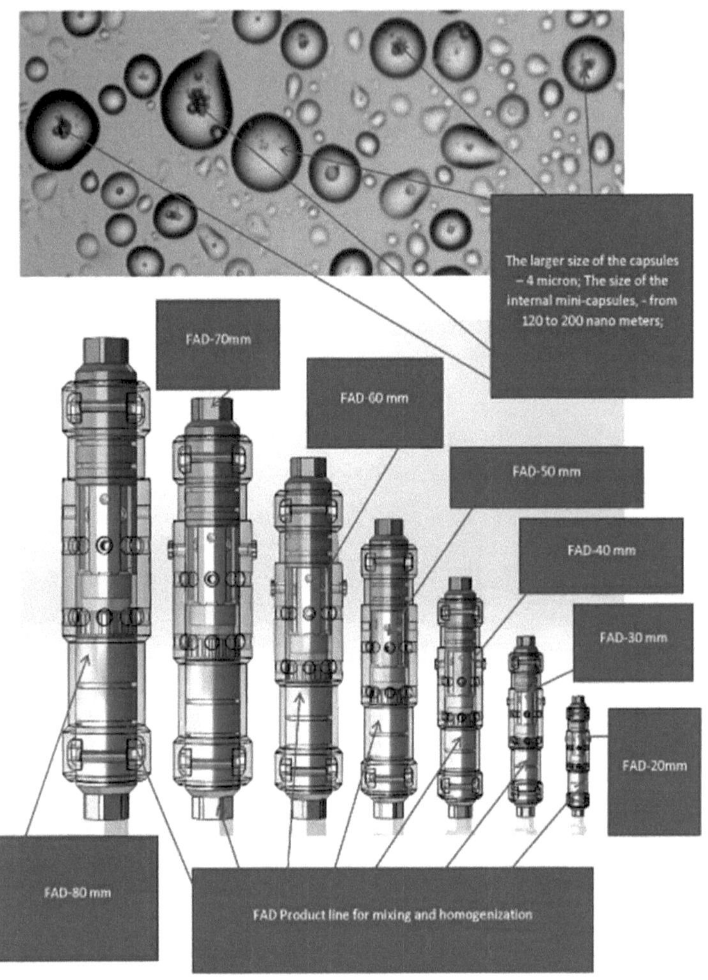

The larger size of the capsules – 4 micron; The size of the internal mini-capsules, - from 120 to 200 nano meters;
FAD-70mm
FAD-60 mm
FAD-50 mm
FAD-40 mm
FAD-30 mm
FAD-20mm
FAD-80 mm
FAD Product line for mixing and homogenization

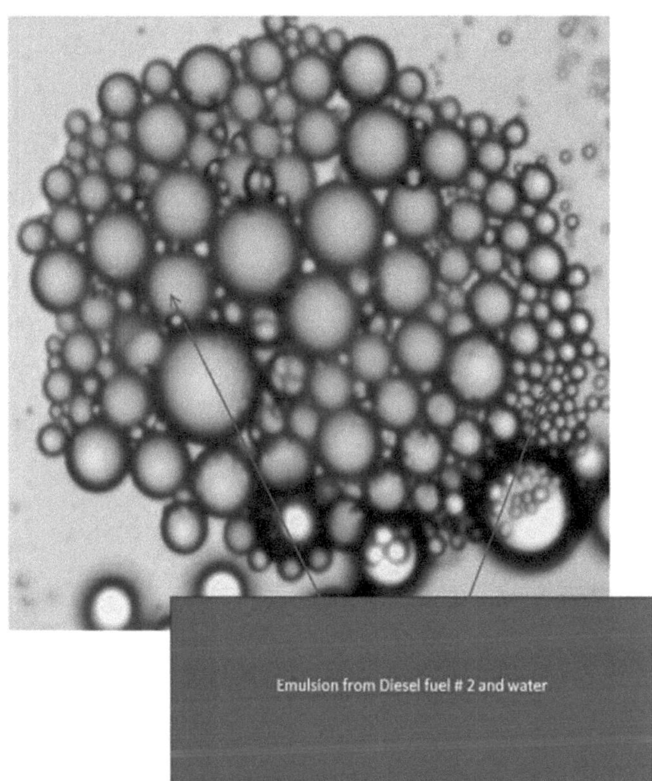
Emulsion from Diesel fuel # 2 and water

Fuel activation device (FAD); Internal Working diameter – 25 mm; Design concept – fixation nuts; Maximal fuel flow = 100 liter per hour

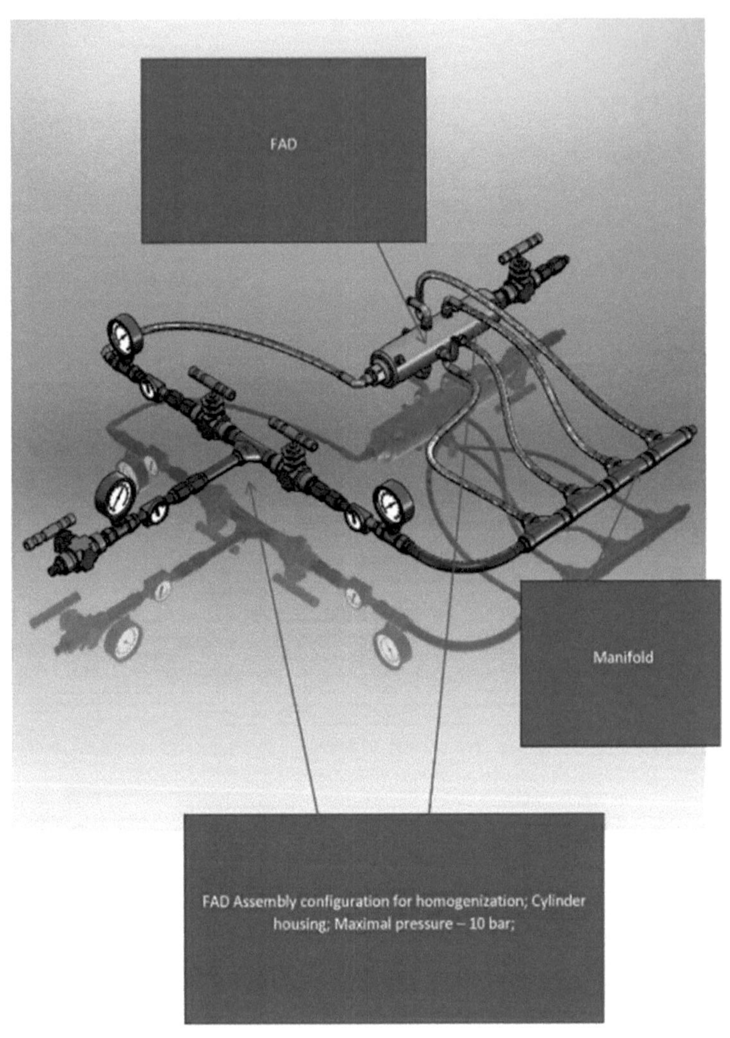
FAD
Manifold
FAD Assembly configuration for homogenization; Cylinder housing; Maximal pressure – 10 bar;

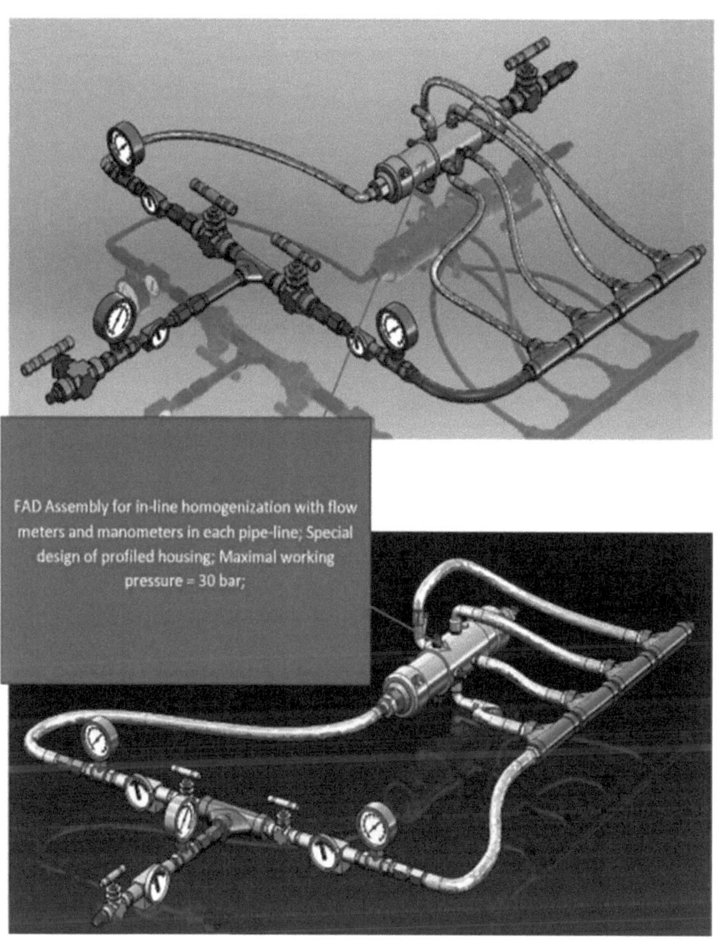
FAD Assembly for in-line homogenization with flow meters and manometers in each pipe-line; Special design of profiled housing; Maximal working pressure = 30 bar;

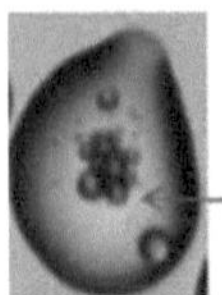

Internal structure of the globules; The integrated globule size,- 4 microns; Internal sub-globules size from 100 to 250 nano meters;

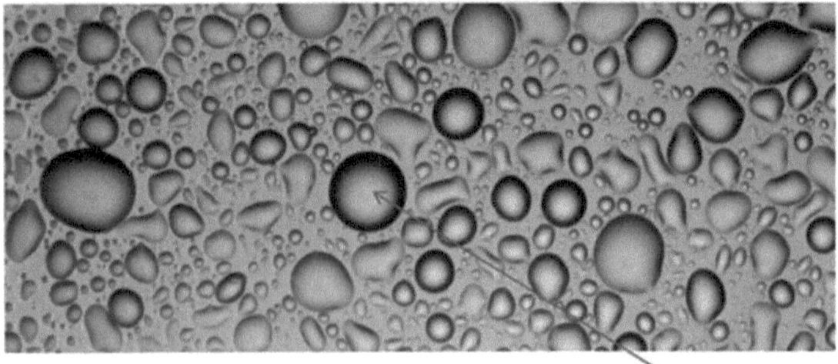

blend structure with Diesel # 2 [after homogenization]

maximal size of the globules, - 4 microns

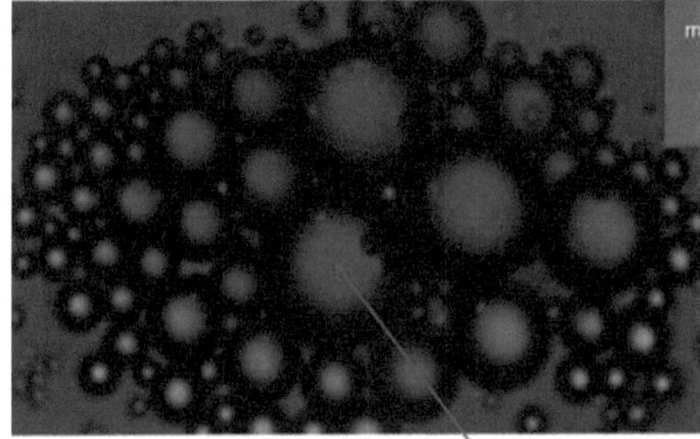

blend structure with Diesel # 5

[after homogenization]

maximal size of the globules, - 4 microns

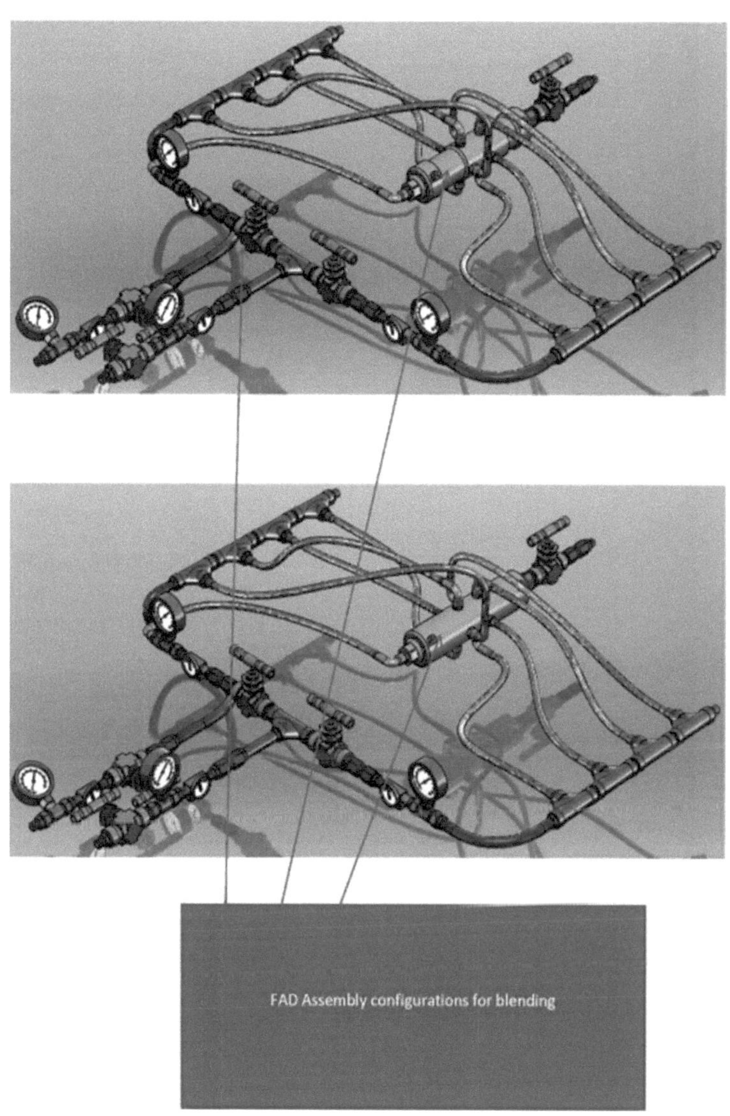
FAD Assembly configurations for blending

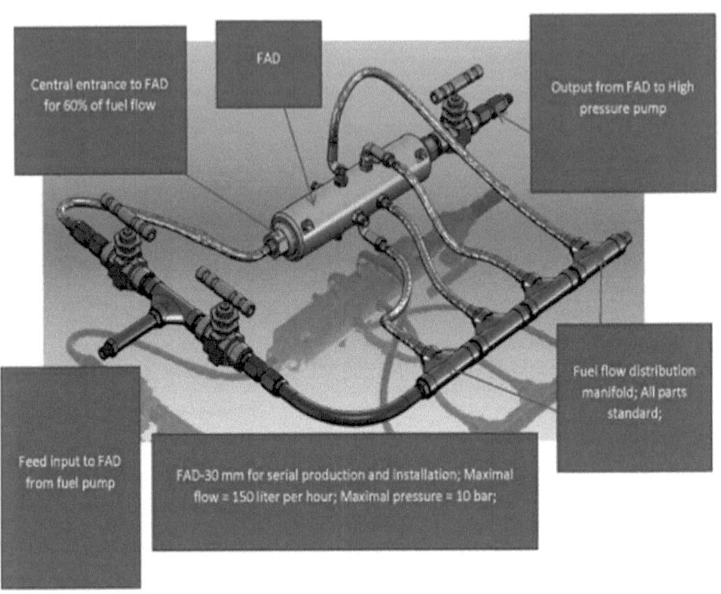
Central entrance to FAD for 60% of fuel flow
FAD
Output from FAD to High pressure pump
Fuel flow distribution manifold; All parts standard;
Feed input to FAD from fuel pump
FAD-30 mm for serial production and installation; Maximal flow = 150 liter per hour; Maximal pressure = 10 bar;

IP BÁSICO DE ENERGIA TURBULENTA, RELACIONADO COM A MISTURA DINÂMICA EM LINHA E HOMOGENEIZAÇÃO EM TODOS OS TIPOS DE MOTORES LINHAS DE CONDUTAS DE COMBUSTÍVEL E OUTROS EQUIPAMENTOS TERMODINÂMICOS

Patente dos Estados Unidos9

,556,822

31 de Janeiro de 2017

Motor com tecnologia de mistura integrada

Abstrato

A presente divulgação refere-se geralmente a um motor com um dispositivo integrado de mistura de fluidos e tecnologia associada para melhorar a eficiência do motor, e mais especificamente a um motor equipado com um dispositivo de mistura de combustível para melhorar as propriedades globais através da oxigenação em linha do líquido, uma alteração das propriedades do líquido, como a forma de arrefecimento melhorada de combustão, ou a utilização da recirculação dos gases de escape do motor para melhorar ainda mais a eficiência do motor e reduzir as emissões indesejadas.

Patente dos Estados Unidos8

,844,495

30 de Setembro de 2014

Motor com tecnologia de mistura integrada

Abstrato

A presente divulgação refere-se geralmente a um motor com um dispositivo integrado de mistura de fluidos e tecnologia associada para melhorar a eficiência do motor, e mais especificamente a um motor equipado com um dispositivo de mistura de combustível para melhorar as propriedades globais através da oxigenação em linha do líquido, uma alteração das propriedades do líquido, como a forma de arrefecimento melhorada de combustão, ou a utilização da recirculação dos gases de escape do motor para melhorar ainda mais a eficiência do motor e reduzir as emissões indesejadas.

Pedido de Patente dos Estados Unidos 20140373804
Tipo de CódigoeA1

25 de Dezembro de 2014

MOTOR COM TECNOLOGIA DE MISTURA INTEGRADA

Abstrato

A presente divulgação refere-se geralmente a um motor com um dispositivo integrado de mistura de fluidos e tecnologia associada para melhorar a eficiência do motor, e mais especificamente a um motor equipado com um dispositivo de mistura de combustível para melhorar as propriedades globais através da oxigenação em linha do líquido, uma alteração das propriedades do líquido, como a forma de arrefecimento melhorada de combustão, ou a utilização da recirculação dos gases de escape do motor para melhorar ainda mais a eficiência do motor e reduzir as emissões indesejadas.

Pedido de Patente dos Estados Unidos 20120103306
Tipo de CódigoeA1

3 de Maio de 2012

MOTOR COM TECNOLOGIA DE MISTURA INTEGRADA

Abstrato

A presente divulgação refere-se geralmente a um motor com um dispositivo integrado de mistura de fluidos (gás ou líquido) e tecnologia associada para melhorar a eficiência do motor, e mais especificamente a um motor equipado com um dispositivo de mistura de combustível para melhorar as propriedades globais do sistema com um motor através da oxigenação em linha do líquido ou da activação dinâmica de um combustível com um fluido secundário como a água, resultando numa alteração das propriedades do fluido de entrada para ajudar nas relações de queima, arrefecimento para melhorar a combustão, ou a utilização da recirculação de escape do motor para melhorar ainda mais a eficiência do motor e reduzir/reciclar emissões indesejadas ou libertações de combustão como a água.

Pedido de Patente dos Estados Unidos 20110048353
Tipo de CódigoeA1

3 de Março, 2011

Motor com tecnologia de mistura integrada

Abstrato

A presente divulgação refere-se geralmente a um motor com um dispositivo integrado de mistura de fluidos e tecnologia associada para melhorar a eficiência do motor, e mais especificamente a um motor equipado com um dispositivo de mistura de combustível para melhorar as propriedades globais através da oxigenação em linha do líquido, uma alteração das propriedades do líquido, como a forma de arrefecimento melhorada de combustão, ou a utilização da recirculação dos gases de escape do motor para melhorar ainda mais a eficiência do motor e reduzir as emissões indesejadas.

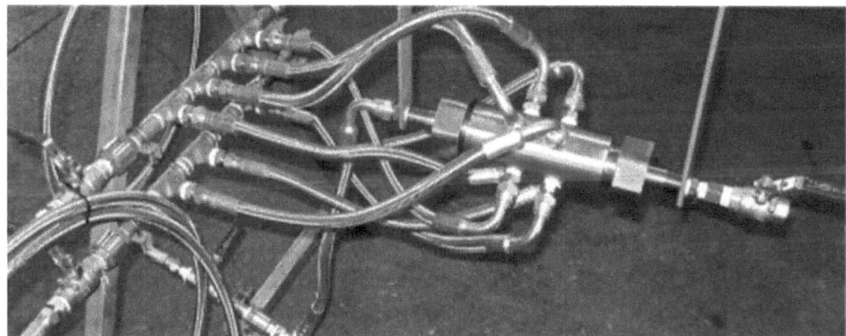

APLICAÇÃO DE MISTURA DINÂMICA A BORDO, MISTURA EM VOO, HOMOGENEIZAÇÃO E CAPSULAÇÃO UNIFORME DE COMPOSIÇÕES DE COMBUSTÍVEL EM LINHAS DE COMBUSTÍVEL DE MOTORES DE COMBUSTÃO INTERNA MODERNOS E EM LINHAS DE COMBUSTÍVEL DE MOTORES DIESEL MODERNOS

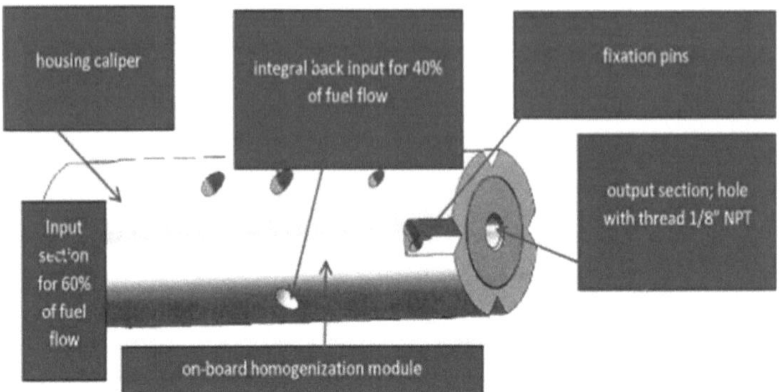

O uso generalizado como combustível para motores de combustão interna de uma mistura de gasolina e etanol nem sempre é suficientemente seguro para os motores

A separação de misturas de etanol e gasolina com água ocorre mais frequentemente em estações de serviço, onde a água se acumula no fundo dos tanques de combustível

A partir de hoje, os elementos da concepção do motor não estão protegidos dos efeitos nocivos da água contida na mistura de combustível

Para uma protecção completa, os elementos estruturais dos motores contra os efeitos nocivos da água contida na mistura de combustível, propõe-se a instalação em cada módulo do motor de combustão interna para homogeneização on-line do combustível antes de ser aplicado ao sistema de injecção de combustível na câmara do cilindro

Instalação no módulo do motor para a homogeneização do combustível antes da injecção, elimina quase por completo o risco de danos no motor devido à des-geração da mistura de combustível, que, por várias razões, havia uma água

Também vários aditivos de combustível contendo metanol e misturados de forma suficientemente homogénea com o componente primário do combustível podem também causar a degradação do motor

Módulo para a homogeneização do combustível antes da injecção, tem o papel de reemulsionar o combustível de base com aditivos e reemulsificação do mesmo combustível de base, no caso da água no combustível de base

Eficiência do módulo repetidamente testado em motores reais (mais de 350 testes); Para operar o módulo não é necessária energia adicional e no processo não há necessidade de quaisquer ajustes;

O módulo é construído no sistema de combustível do motor entre a bomba de combustível e uma bomba de alta pressão (num motor diesel moderno) ou instalado após a bomba de combustível em qualquer motor de combustão interna;

No sistema de combustível de qualquer motor, o módulo não requer quaisquer alterações;

O custo do módulo, em produção em massa (começando com 100.000 por ano) não deverá ser superior a $40 e os elementos de custo do equipamento da tubagem para ligar o módulo ao sistema de combustível, o motor não deverá exceder $10;

Assim, quando o custo adicional do novo motor de 50 dólares, proporcionou 100% de protecção contra os efeitos do motor contido na água da mistura de combustível

Para comparação, o custo de substituição de artigos defeituosos até pelo menos 25 vezes

A instalação em motores em serviço, tendo em conta o custo do módulo e os componentes adicionais dos acessórios das tubagens, bem como o custo do tempo de trabalho da instalação, não deve exceder $145, o que não é oneroso e o nível de preços em relação ao ganho em longevidade e fiabilidade do motor deve ser do interesse dos proprietários dos veículos

Se considerarmos que apenas os motores diesel em funcionamento no mundo são mais de 450 milhões, se apenas 1% dos proprietários irão instalar os módulos nos seus motores, o único retro é o mercado em questão sobre a extensão do mercado em 652,5 milhões de dólares

Mais uma vez, deve notar-se que isto não requer quaisquer alterações na concepção do motor e a instalação do módulo pode ser realizada durante o serviço de manutenção programada pelo pessoal da estação de serviço

Para teste e demonstração poderiam ser utilizados 3 dispositivos - protótipos com diâmetro de trabalho - 25 mm; Os dispositivos estão presentes e prontos a usar

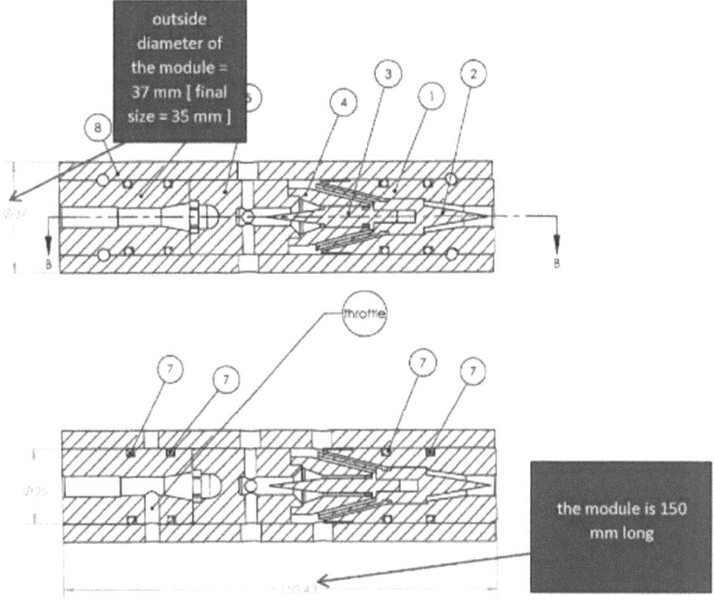

O módulo é um tamanho pequeno [por exemplo, para motor 3,5 litros, o diâmetro de trabalho é 25 mm, o diâmetro exterior é apenas 37 mm e o comprimento é apenas - 150 mm], cilindro com 7 peças internas, sem peças móveis;

O módulo é o tema ideal para a produção em massa;

A caixa 8 é um tubo padrão, com funções de um calibrador e suporte de todas as peças de trabalho, cada uma com 25 mm de diâmetro exterior;

A primeira secção hidrodinâmica -1 tem funções de um elemento de alimentação para 60% do fluxo de combustível;

O orifício de entrada tem uma rosca % " NPT;

O primeiro reflector cónico - 2, formando com a primeira secção hidrodinâmica -1 um sistema coaxial de canais para transformação do fluxo de combustível em forma de anel;

A interface hidrodinâmica que se forma a partir de peças reflectoras de 3 segundos, 4 - secção hidrodinâmica aerodinâmica de 3 segundos, 5- colector para alimentação do módulo de

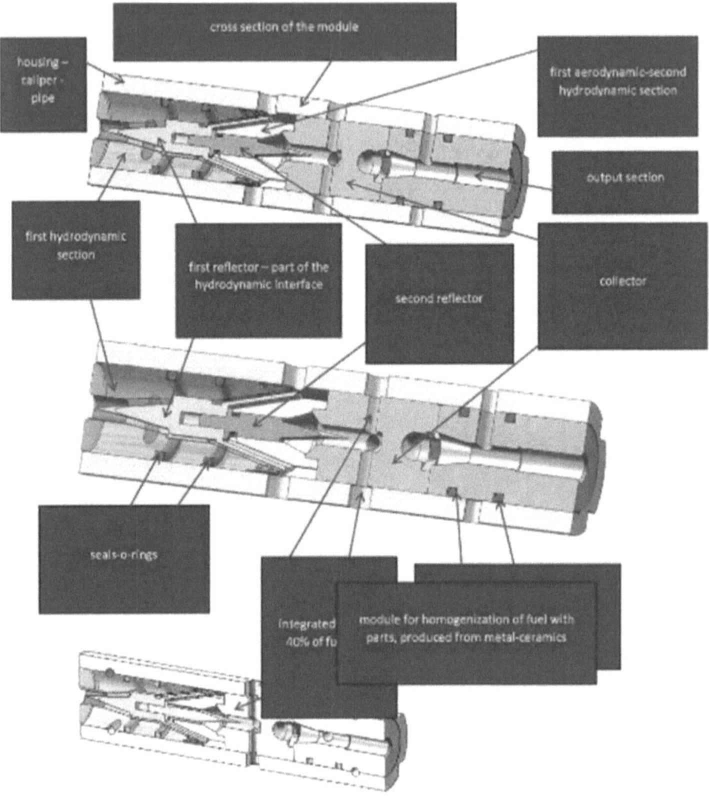

Ao aumentar o programa de produção de módulos para 200.000 unidades por ano e mais, torna-se economicamente viável e tecnicamente possível produzir partes do módulo através da metalcerâmica, eliminando a maquinagem

Isto reduzirá o custo de fabrico do módulo em 2 vezes e aumentará assim o nível de rentabilidade do projecto

Além disso, as primeiras experiências com homogeneização do combustível, criadas com FAD com diâmetro de trabalho de 25 mm, instaladas em motores diesel modernos com injector standard e também com injector ~ 75% maior, mostraram que mais de 45% das operações de teste (foram realizados mais de 200 testes), homogeneização do combustível antes da injecção em cilindros, redução do consumo de combustível em 1,5 - 6,5%, e também redução da concentração de fuligem e óxidos de azoto nos gases de escape

Também a taxa de libertação de calor foi aumentada e o tempo para a combustão completa em cada ciclo de trabalho foi reduzido

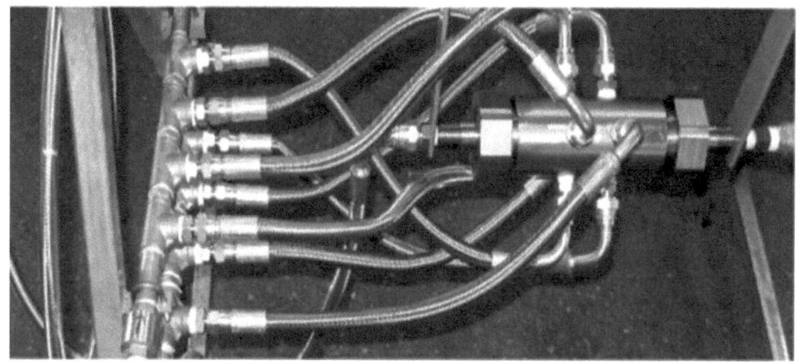

Sistema industrial para mistura dinâmica e homogeneização com fluxo máximo = 1000 litros por hora, sob pressão máxima de 30 bar

Instalação em caldeira industrial [SAACKE] para mistura em linha, emulsificação e homogeneização; Caudal máximo = 1000 litros por hora; Pressão máxima [usada] = 7 bar; A produtividade da caldeira = 10 toneladas métricas de vapor sob pressão 12 bar;

Printed by Books on Demand GmbH, Norderstedt / Germany